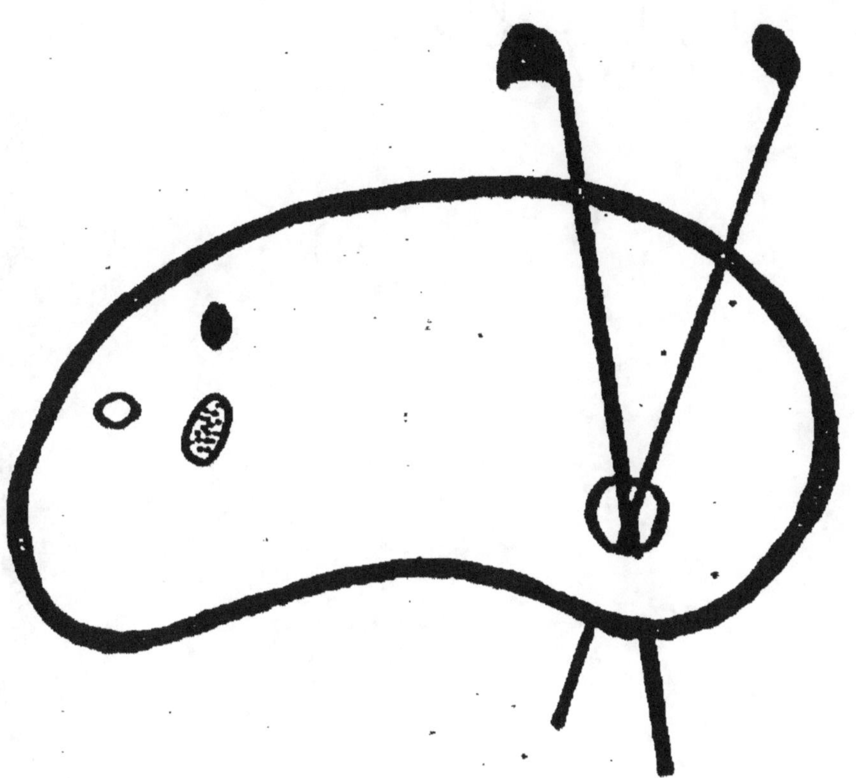

DEBUT D'UNE SERIE DE DOCUMENTS
EN COULEUR

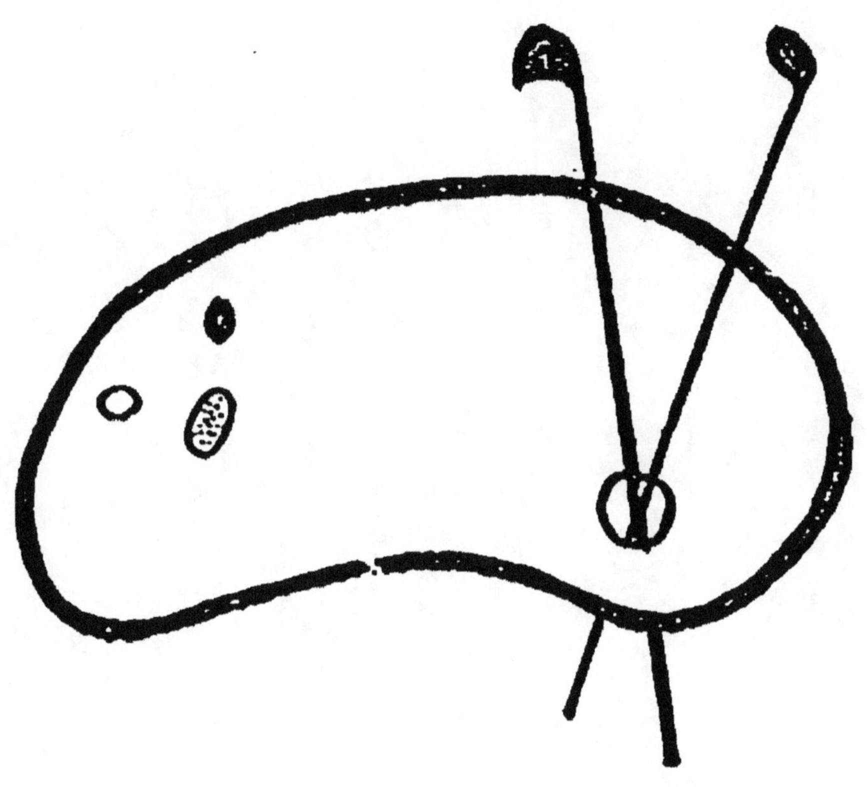

**FIN D'UNE SERIE DE DOCUMENTS
EN COULEUR**

Louis RÉROLLE

Conservateur du Muséum

PROMENADES

DANS LES

SALLES DE ZOOLOGIE

DU

MUSÉUM DE GRENOBLE

ACQUISITIONS RÉCENTES

GRENOBLE

Xavier DREVET, éditeur

Imprimeur-Libraire de l'Université et de l'Académie

14, rue Lafayette, 14

Succursale à Uriage-les-Bains.

Publication du Journal Le Dauphiné.

IL y a juste un an, je réglais les comptes de fin d'année du Muséum pour 1897, et je constatais, non sans mélancolie, que le crédit dont l'emploi m'est confié allait une fois de plus être insuffisant. Les ressources de l'année qui commençait en seraient diminuées. Or, il y avait — et il y a toujours — bien des dépenses en perspective pour achever de meubler certaine salle de zoologie dauphinoise, qui est mon rêve préféré ; bien des dépenses en vue, également, pour améliorer le service et le matériel, ou pour mettre en valeur des pièces importantes attendant au laboratoire. Et je concluais : « En 1898, il ne faut acheter aucun objet de collection, fût-ce un moineau ou un goujon. »

A ce moment, on frappa à la porte de mon cabinet et j'introduisis un visiteur à barbe déjà grise, l'air aimable et honnête, avec dans le regard je ne sais quoi de doucement aventureux. Il revenait du Canada, par l'Afrique, songeait à explorer l'Abyssinie et, finalement, devait partir pour Buenos-Ayres. M. Raymond de B..... est un gentilhomme empailleur et nomade. Il court le monde, vivant en partie de ses chasses et de son travail, c'est-à-dire des peaux qu'il prépare et qu'il expédie aux musées, aux amateurs de sa connaissance.

« A mon dernier passage à Alger, me dit-il, Mlle N...,
marchande d'animaux et de fourrures, m'a confié le
montage d'une baleine. Je n'étais pas outillé, le temps
me manquait; mon œuvre est mal venue et serait
toute à refaire. Mais la peau n'est pas abîmée. Entre
les mains d'un préparateur habile, ce jeune cétacé —
il n'a que 6 mètres de long — deviendrait une belle
pièce de musée. On aurait l'objet à très bas prix.... »
Et je concluais : « En 1898, on pourrait peut-être acheter une baleine. »

Des renseignements furent pris à Alger auprès d'un
homme de science; ils confirmèrent ce qui m'avait été
dit. Avec l'assentiment de la Mairie de Grenoble, après
quelques péripéties de voyage, l'encombrant colis fit
un beau matin son entrée dans notre ville. Elle ne
payait pas de mine, la pauvre baleine! Toute bosselée
et crevassée, par suite du retrait de la peau sur une
charpente défectueuse, ses couleurs ayant en outre
passé à un gris terne uniforme, elle ressemblait beaucoup à un vieux tronc d'arbre mort. Dans la bouche
nous trouvâmes de petits paquets de lames cornées,
terminées à un bout par des touffes de crins : c'étaient
des fanons, longs de 4 à 10 centimètres, détachés de la
mâchoire. On parvint à installer l'animal dans le laboratoire du Muséum, où il tenait tout juste, en biais,
coupant la pièce en deux et nous obligeant tous à des
courbettes continuelles.

Alors commença un travail qui a duré dix mois —
avec des interruptions, il est vrai — travail des plus
rudes par moments et qui fera honneur à M. Prost, le
très consciencieux et habile préparateur. Il fallut dé-
monter le colosse, faire ramollir sa peau, l'amincir, la
nettoyer à fond, construire toute une baleine en bois,
puis hisser sur cette charpente la dépouille assouplie,
recoudre, gratter longtemps encore..... Mais je ne
puis entrer dans les détails et livrer au public tous les
secrets de cette toilette.

A ce propos, qu'on me permette une parenthèse. On
se figure parfois que la tâche d'un préparateur de
musée consiste à « bourrer de paille » tous les ani-

maux qu'on lui présente. Ceci a même été imprimé à Grenoble, quoique sans malveillance. En réalité, le métier est autrement délicat et complexe. A celui qui s'y attache et veut l'exercer avec art, il faut des connaissances pratiques très variées, de l'adresse, du goût, l'esprit d'observation, des notions d'anatomie et de modelage. On peut dire qu'il ne cesse jamais d'apprendre, car les êtres auxquels il doit rendre une apparence de vie sont divers et lorsqu'il lui tombe en mains une baleine, par exemple, à plusieurs égards il doit s'ingénier et improviser. Vraiment le terme d'« empailleur », bien que d'un usage courant, le désigne mal ; c'est comme si on appelait un peintre un barbouilleur. « Artiste en taxidermie » serait prétentieux, j'en conviens. « Naturaliste préparateur » demeure l'appellation la moins imparfaite pour ce travailleur original, qui ne manque, en son genre, ni de savoir ni de mérite.

Je reviens à ma baleine. A l'heure où j'écris ces lignes, les ouvriers envoyés par M. l'Architecte de la ville — six hommes et un contremaître — viennent de mener à bonne fin l'opération laborieuse de son installation, dans la grande salle du premier étage du Muséum.

A vrai dire, il ne s'agit pas d'une baleine proprement dite, mais d'un balénoptère ou rorqual (*Balænoptera* ou *Pterobalæna musculus*, Van Beneden ; *Rorqualus antiquorum*, Fischer). Les balénoptères se reconnaissent à deux caractères très précis : sur la ligne du dos, en arrière, s'élève une petite nageoire supplémentaire, tandis qu'une grande partie de la face inférieure du corps présente des plis longitudinaux parallèles. En outre, le corps est plus élancé, moins massif, la tête moins démesurée que chez les baleines vraies ; l'ensemble est mieux proportionné. On dit enfin que les balénoptères ont plus d'agilité et de courage. Pour l'intelligence, comme pour l'élégance des formes, ces animaux sont au premier rang... parmi les baleines. Ils l'emportent aussi pour la taille, du moins en longueur : 25 ou 30 m. de long, et à l'occasion jusqu'à 34 m. 60 (1). Ils habitent les mers froides de l'extrême Nord, mais voyagent volontiers, et ce n'est pas la première fois que l'un d'eux s'échoue sur une plage de la Méditerranée.

Le balénoptère du Muséum de Grenoble mesure 5ᵐ86 de longueur, dont un cinquième environ pour la tête; il a 2ᵐ57 de tour au niveau des nageoires pectorales, longues chacunes de 0ᵐ63. Ces dimensions, et le faible développement des fanons, indiquent que l'animal était très jeune : quelque chose comme un bébé de trois ou quatre ans, je suppose, par rapport à un homme adulte. Et c'est heureux, car je ne vois pas le Muséum recevant et logeant une bête de 25 mètres ! La forme de ce bébé géant est simple; on s'est efforcé de la restituer d'après les meilleures descriptions. Quant à la couleur, il a fallu la restaurer en entier. Les indications des livres concordaient en ceci : corps d'un noir foncé en dessus, d'un blanc de porcelaine en dessous. Elles différaient un peu dans le détail. Un fait curieux chez ces animaux, c'est que le noir et le blanc n'ont pas toujours les mêmes limites, ou même ne sont pas disposés de façon symétrique à droite et à gauche. Ainsi, chez un grand balénoptère de près de 20 mètres de long, échoué en janvier 1885 sur une plage du Calvados, la lèvre supérieure droite était noire en arrière et blanche en avant ; les sillons de la face ventrale étaient noirs en partie, mais surtout à gauche (2). Je n'ai pas tenu compte de ces bizarreries, variables suivant les individus. La couleur de notre baleineau a été restituée d'après les données les plus simples et les plus constantes.

Bien peu de musées possèdent une baleine montée, même petite. Je n'ai rien vu en ce genre dans une visite, d'ailleurs rapide, que j'ai pu faire cette année au Muséum de Bordeaux. A Lyon, on voit seulement

---

(1) Voir Brehm. *Les Mammifères*, vol. 2.

(2) V. *Histoire du Balænoptera musculus*, etc., par le Dʳ Yves Delage (*Archives de zoologie expérimentale*, 2ᵐᵉ série, tome 3 *bis*, 1885).

la tête osseuse d'un balénoptère échoué à Port-Ven-
dres. Marseille et Rouen possèdent des squelettes
entiers, pièces plus précieuses que les peaux à un
point de vue strictement scientifique. A Caen, le
superbe spécimen déjà cité a donné lieu à des études
approfondies, mais la peau n'a pu être conservée.

En résumé, le Muséum de Grenoble a fait une acquisition de circonstance, qui a causé une dépense appré-
ciable et retardé d'autres travaux. Mais la pièce est
peu ordinaire, elle fera bonne figure et intéressera à
bon droit le public. Ceux qui connaissent notre collection municipale savent que nous possédions déjà plusieurs vertèbres et la tête osseuse d'un balénoptère
de grande taille (Don de M. Rallet). Ils savent aussi
que bon nombre de rares ou belles pièces de zoologie
ont déjà pris place dans nos galeries depuis une dou-
zaine d'années, comme on le verra ci dessous.

*
* *

YANT présenté aux lecteurs du *Dauphiné* une
baleine, je pensais leur parler ensuite de
quelques gros animaux, marins et autres, qui
font au Muséum un digne cortège à ce cétacé. Mais
l'actualité a ses droits et il sera plus à propos de signa-
ler d'abord une importante série d'oiseaux, qui vient de
nous être donnée (mars 1899).

Le donateur est M. René Vitalis, grand chasseur
voyageur passionné, naturaliste à ses heures, qui a eu
l'intelligente idée d'employer depuis longtemps bonne
part de sa rare activité et de ses ressources à former, à
Saint-Marcellin, une très belle collection d'ornitholo-
gie. Ce sont tous ses doubles, au nombre de 290, qu'il
a eu la générosité de nous remettre. Avantage précieux pour un musée dont le préparateur est déjà sur-
chargé de besogne : lesdits oiseaux sont montés, et en

général bien montés. M. Vitalis y a mis la main lui-même. Il a été secondé par un simple cultivateur du village de Têche, M. Dherbey, qui avait pris tout spontanément le goût de ce genre de travail et, une fois outillé, y est devenu fort expert (1).

Quelques-uns des oiseaux dont le Muséum vient ainsi de s'enrichir ont été tués au loin : gallinacés des forêts suédoises, cincles (merles d'eau) de Norvège et d'Autriche, espèces des rivages maritimes de Provence et de Tunisie, un merle du Japon, etc., mais les neuf dixièmes proviennent de l'Isère.

Parmi ces derniers, plusieurs appartiennent à des espèces qui sont ou se font rares dans notre pays. S'il est peu de rapaces plus répandus chez nous que la buse commune — oiseau qu'entre parenthèses on ne devrait pas proscrire, car il vit surtout de petits animaux malfaisants — en revanche, la buse pattue, dite aussi busaigle ou archibuse, et reconnaissable à ses pattes tout emplumées, est une bête du Nord qui nous visite de moins en moins. Il en est de même du beau héron pourpré, mais celui-ci vit au Midi ; la Camargue est un de ses domaines préférés. Le gypaète, le plus grand oiseau des Alpes, a presque disparu des montagnes dauphinoises ; celui qu'a donné M. Vitalis est un jeune, tué il y a trente ans dans le canton de Pont-en-Royans. La présence du joli petit pic mar dans nos forêts était demeurée longtemps douteuse. Rien de plus élégant de forme et délicat de nuances que le jaseur de Bohême : Bouteille raconte qu'en 1816 il s'abattit en bandes nombreuses sur les marronniers de notre Jardin de Ville ; mais ses voyages sont très irréguliers, et il semble même qu'il ait maintenant tout à fait oublié la route de Grenoble. Je croyais cette route ignorée de l'étourneau unicolore, qui habite surtout l'Espagne, mais il paraît qu'il se mêle parfois aux vols d'étourneaux vulgaires.

---

(1) MM. Vitalis et Dherbey ont publié collectivement une petite étude, très claire et pratique, sur la « Mise en peau ».

A part deux ou trois exceptions, tous les oiseaux donnés par M. Vitalis étaient déjà représentés au moins une fois dans nos vitrines. Mais ce serait une grave erreur — et j'insiste sur ce point — de croire qu'on peut faire l'étude complète d'un oiseau d'après un spécimen unique. Beaucoup d'espèces demandent à être vues sous leurs aspects multiples d'âge, de sexe, de saison, voire même de face, de dos et de profil, et enfin, il est souvent très instructif de comparer des individus de provenances diverses.

Le don de M. Vitalis est le principal, mais non le seul apport qui ait renforcé notre collection ornithologique depuis la mort de son véritable créateur, Hippolyte Bouteille. Presque partout, dans nos vitrines, on peut voir bon nombre d'oiseaux entrés depuis lors. Achetés à Paris, ces deux échassiers curieux, le lourd kamichi, la svelte grue de Stanley. Achetés aussi, tout récemment, un pic à ailes et gorge d'or, de gros rapaces et autres oiseaux de la République Argentine. Données par MM. Glandu (1), Fouque et Godel, diverses espèces très intéressantes de Madagascar et de l'intérieur de l'Afrique. Donné par M. Guillet, conseiller général, le grand condor des Andes. Rapporté des « montagnes de marbre », près Tourane (Annam), et offert par notre distingué sculpteur Urbain Basset, un grand nid finement travaillé, dont l'architecte est un tout petit oiseau de la famille des plocéidés. Et dans la salle locale, je ne puis citer ici tout ce que nous devons à MM. Alfred Blanchet, Camand, V. Doucet, P. de Montal, la Société *le Ramier des Alpes*, etc.

Une petite série d'oiseaux envoyée il y a dix ans par un officier de marine, qui fut mon meilleur ami, comprend trois spécimens d'une variété d'alcyon ou martin-pêcheur, spéciale à l'île de Santiago du Cap-Vert. L'envoi était accompagné de quelques lignes qu'on me permettra de reproduire, à seule fin d'adou-

---

(1) Voir *Le Dauphiné* n° 1919, du 20 juin 1897.

cir, par un soupçon de fantaisie ou d'art, la sévérité de mes énumérations scientifiques :

« Sur les rives fraîches des plus petites rivières de France, on entend parfois un cri plaintif et l'on voit passer presque au fil de l'eau, d'un vol rapide, un oiseau bleu. C'est le martin-pêcheur ; à peine entrevu, déjà loin.

« Dans une île escarpée de l'Océan, qui n'a plus que des champs sans eau et sans verdure, des martins-pêcheurs s'établirent jadis. Alors, sans doute, des rivières descendaient des collines, nourrissant dans leurs eaux claires de menus poissons au ventre blanc ou doré. Les poissons ayant disparu avec les rivières, les martins-pêcheurs, pour vivre, se firent mangeurs de sauterelles. Tout se transforme avec le temps et le milieu ; mais, par un privilège rare, ces jolis oiseaux gardèrent leurs belles couleurs, un manteau dont le noir sévère rend le bleu plus souriant, la tête d'un gris de perle, le poitrail blanc et marron, les pattes et le bec rouges comme du corail. Seul, leur caractère se modifia peu à peu.

« Le martin-pêcheur devint un être familier, le petit génie de ce pays déshérité. C'est lui qu'on rencontre avant tout autre oiseau, perché sur une branche. Confiant dans sa gentillesse, il vous regarde hardiment et vous accompagne le long des sentiers poudreux. Ses cris sont plus gais que chez nous. Suivez-le, peut-être vous conduira-t-il dans quelque vallée bien cachée où, près d'une source, autour d'un mince filet d'eau oublié, renaît la verdure et se conserve la fraîcheur. Là, de jeunes négresses lavent du linge blanc qui miroite au soleil. Dans sa joie de revoir l'eau claire, l'oiseau, si sauvage en France, les frôle de son aile et s'ébat, folâtre, autour d'elles ; les noires lavandières répondent par un rire naïf aux avances de leur ami. »

∴

ARMI les grands animaux, de figure originale, dont les dépouilles sont rares dans les musées d'Europe, il n'en est pas de mieux représenté à Grenoble que le lamantin. Nous possédons depuis peu un lamantin femelle adulte d'une longueur de 3 mètres, accompagné de son petit, ainsi que les squelettes de chacun d'eux. Le montage des squelettes n'est pas achevé, mais on y travaille activement à cette heure. Ces diverses pièces ont été envoyées du Congo français par le plus dévoué de nos donateurs coloniaux, M. l'administrateur Paul Godel; aucun don récent de zoologie ne mérite mieux d'attirer l'attention.

Le lamantin est un mammifère marin, comme le phoque et le morse, comme le dauphin et la baleine; mais il a son origine et ses caractères à lui. Pour façonner ces créatures diverses et singulières, les mêmes circonstances ont dû agir, pendant un temps plus ou moins immense, sur au moins trois types d'êtres déjà bien différenciés.

Qu'on observe, par exemple, dans la grande salle du Muséum, cette otarie (phoque à oreilles externes) montée sur un rocher artificiel dans une pose aussi vraie qu'expressive : le corps est devenu fusiforme, le poil court et serré; les quatre membres du mammifère persistent, mais raccourcis, modifiés pour servir surtout à la nage, avec des doigts enveloppés, apparents encore et pourvus d'ongles; la queue reste normale, très petite; une tête ronde, au crâne bien développé, aux gros yeux intelligents, est armée d'une dentition complète et rappelle celle du chien. Nous sommes en présence d'un carnivore adapté à la vie aquatique, mais reconnaissable à première vue (1).

---

(1) Pièce acquise en 1892, ainsi qu'un squelette de dauphin, et montée par M. Prost, comme les lamantins. Dans une vitrine voisine, on peut voir un très joli phoque jeune, couvert d'une

Chez les cétacés, il n'y a plus de poils, plus de membres postérieurs, les membres antérieurs ne peuvent servir qu'à la nage, les dents sont toutes semblables ou remplacées par des fanons; l'animal est bien plus pisciforme, il a des sens moins parfaits, et l'énorme développement des mâchoires de la baleine n'est point un caractère de supériorité. Les cétacés ont des origines moins élevées, probablement multiples; leur adaptation à l'habitat marin est bien plus avancée (1).

Placés entre phoque et baleine, les lamantins du Muséum de Grenoble se révèlent comme des bêtes différentes, modifiées à un degré intermédiaire. On peut déjà dire que le corps est tout d'une venue et sans vêtement, malgré un indice de cou, des poils clairsemés. Les pattes de devant persistent seules et s'élargissent en palettes qui ont, paraît-il, des mouvements plus étendus que les nageoires de la baleine; elles peuvent, à la rigueur, rendre à l'animal quelques services hors de l'eau, et gardent des rudiments d'ongles. On a même dit — mais il faut y mettre de la bonne volonté — que les lamantins avaient des mains (2). De tout petits yeux animent tant bien que mal leur

---

toison longue et claire, donné en 1888 par le lieutenant de vaisseau Léon Rérolle. Nous avions depuis longtemps un dauphin monté.

(1) A la suite de travaux sur diverses pièces fossiles, dont une fort précieuse appartenant au Muséum, M. Victor Pâquier a émis des vues très intéressantes sur l'origine des cétacés. (*Etude sur quelques cétacés du Miocène,* dans *Mém. Soc. géol. de France.* Paris, 1894.)

(2) C'est de là que viendrait leur nom, suivant Cuvier. Ce qui semble vrai, c'est que les indigènes de l'Amérique tropicale appelaient ces animaux *manati,* d'où les Espagnols auraient fait *manato,* les savants *manatus* et les Français *lamantin,* par adjonction de l'article. Mais il n'y a sans doute entre ces termes et le mot *main* qu'une ressemblance fortuite. Littré ne la relève pas, le terme indigène peut avoir tout autre sens, et si les vieux auteurs espagnols qui parlèrent du lamantin les premiers avaient voulu désigner un animal à mains, ils auraient dit *manado,* ou mieux *manudo.*

physionomie, tandis que le corps se termine par une grande nageoire caudale, de forme ovale, relevée avec audace. Quant à la dentition, elle est incomplète et accuse un régime herbivore. Le pacifique lamantin se nourrit d'herbes marines ou fluviatiles et c'est aux gros animaux qui paissent dans les prairies qu'on doit le rattacher, à l'éléphant de préférence, selon Blainville et d'autres auteurs.

En somme, mammifère moins dévié que la baleine, mais bête déjà bien massive, aux formes peu séduisantes et, en outre, colorée tout en noir sans éclaircies. Si c'est là une créature de curieuse étrangeté, force est de convenir qu'elle n'est pas précisément belle. Elle ne semble pas perfide non plus, et pourtant on ne saurait parler d'elle sans évoquer l'image des sirènes, ainsi définies par Littré : « Etres fabuleux, moitié femmes et moitié poissons, qui par la douceur de leur chant attiraient les voyageurs sur les écueils de la mer de Sicile, où ils périssaient ».

La tradition, plus ou moins fondée, d'après laquelle le lamantin, ou son cousin le dugong, aurait donné aux Anciens l'idée de la fiction des sirènes, a eu assez de force pour faire passer dans la science le nom de *siréniens*, ou *sirénides*, sous lequel demeurent classés ces animaux. Il se peut que les Grecs et les Romains aient connu le dugong, qui vit dans la mer Rouge; mais ils ont dû ignorer le lamantin, habitant des régions chaudes de l'Atlantique. En tout cas, ce dernier est encore désigné dans les pays de langue portugaise sous le nom de poisson-femme *(peixe-mulher)*; les nègres du Soudan, et sans doute d'autres peuplades, lui donnent un nom analogue. Dugongs et lamantins, seuls survivants d'une famille jadis un peu plus nombreuse, doivent la comparaison flatteuse dont ils sont l'objet à une seule particularité : ils ont deux mamelles pectorales, fort apparentes chez les mères, et on assure que celles-ci allaitent leurs petits en les soutenant sur un de leurs « bras ». A tout autre égard, nos « sirènes » peuvent se contenter des surnoms de vaches ou de chamelles marines, qui leur sont donnés aussi en divers pays.

Les lamantins de M. Godel proviennent du fleuve Ogôoué. Ils appartiennent à l'espèce africaine (*Manatus senegalensis*, Desm.), qui paraît remonter les cours d'eau jusqu'à une grande distance de la mer. On m'a montré récemment une lettre et un dessin qui ne laissent aucun doute sur l'identité d'un grand « poisson-femme » capturé dans le Haut-Niger, tout près de Tombouctou ; sa chair, paraît-il, était excellente. On sait depuis longtemps qu'une espèce américaine, très voisine de la nôtre et souvent plus grande, remonte l'Orénoque en bandes nombreuses.

Comme les grands cétacés, les siréniens ne sont bien représentés que dans un petit nombre de collections. A ma connaissance, je citerai les musées de Bordeaux et de Lyon. Bordeaux n'a pas de baleine, mais les hommes d'étude, et même le public, peuvent y voir une série très riche de squelettes, se rapportant au dugong et à des cétacés étranges ou rares, ces derniers échoués sur la côte landaise ou capturés dans la Gironde. Lyon, désormais moins riche que nous en lamantins, possède des dugongs, et surtout une pièce d'un prix inestimable, un squelette gigantesque de *Rhytine Stelleri*, espèce aujourd'hui éteinte, qui vivait encore au siècle dernier dans les mers avoisinant le détroit de Behring.

A Grenoble, nous ne pouvons songer à nous offrir pareilles raretés. Le moment ne me semble pas venu non plus d'acquérir, comme Lyon, par voie d'échange avec le musée de Copenhague, un superbe morse des mers polaires. Mais que quelque dauphinois établi dans les colonies, ou simplement sur les bords de la Méditerranée, ait un jour l'idée généreuse de recueillir pour nous un réquin ou d'autres beaux squales, un marsouin, un dugong, une grande tortue thalassite, et voilà notre ville, quoique médiocre port de mer, pourvue d'un rare ensemble d'animaux marins. Cette spécialité inattendue se joindrait à celle des animaux de montagne, qui est tout indiquée ici.

.

E Muséum de Grenoble est-il destiné à s'agran-
dir un jour, grâce à l'élévation de la toiture ou
à la construction d'un bâtiment annexe? Des
circonstances heureuses viendront-elles augmenter
ses ressources? En ce cas, il pourrait être original
d'y réunir dans une salle à part un ensemble d'animaux de montagne de tous pays. Nulle part une telle
collection ne serait mieux placée que chez nous. Elle
comprendrait des bêtes de toutes classes, depuis l'ours
et l'yack jusqu'à la puce des glaciers. Si divers soient-
ils, ces êtres doivent offrir des traits communs. La
montagne les a façonnés. Elle leur a fait un organisme
et un aspect extérieur en harmonie avec le genre de
vie que leur imposent son climat rude, son sol de roc
ou de neige, ses ressources saines ou rares. Il y aurait
donc lieu de les comparer à leurs parents des plaines,
puis de les comparer entre eux, de groupe à groupe,
d'une chaîne à l'autre, d'altitude moyenne à haute altitude. Ces rapprochements conduiraient à des remar-
ques intéressantes.

En attendant que mon rêve se réalise, parmi les
grands mammifères entrés au Muséum depuis douze
ans, on peut voir déjà quelques montagnards de choix:
thar, porte-musc, hémione kiang, once, ours de Syrie
(asiatiques), mouflon à manchettes (africain), bouquetin et ours des Alpes, chamois et isard. Même avec ce
qui existait déjà (guanaco et lama des Andes, mouflons
de Corse, animaux des Alpes), l'ensemble est bien
incomplet. Examinons tout de même ces premiers éléments d'une collection future.

Le thar, tahir ou jahral (*Capra jemlaica* ou *Hemitra-
gus jemlaicus)* est un bel animal de l'Himalaya, proche
parent des bouquetins et des chèvres, et dont la décou-
verte n'est pas très ancienne. En 1895, lorsque je négo-
ciais l'acquisition d'un mâle adulte de cette espèce, on

m'écrivit d'un grand musée voisin : « Cet animal est toujours une vraie rareté et des plus intéressants. Lorsqu'on nous en offrira un exemplaire comme le vôtre, nous le prendrons avec plaisir à un prix supérieur ». J'ai vu des thars vivants à Paris, j'en ai vu un monté au Musée de Nancy ; mais Lyon n'en possède point. En revanche, grâce surtout aux voyages de MM. le Dr Lortet et E. Chantre, que Lyon est donc riche en autres ruminants précieux du Caucase, des montagnes de l'Asie et d'ailleurs ! Mais revenons à notre thar. Sa taille est celle du bouquetin des Alpes, avec un corps plus long, moins ramassé. Ses membres sont robustes, gantés de noir. Des poils abondants et très longs lui forment un riche vêtement, surtout au devant du cou, où d'une couleur tirant sur le noir ils passent à une teinte plus claire. La tête me semble petite et porte des cornes très courtes, très rapprochées à leur base, divergentes et comprimées. Une originalité, on dirait une coquetterie, ces toutes petites cornes, chez un cousin des bouquetins et un compatriote de l'argali ou autres mouflons, qui en ont de si démesurées.

Dans la même vitrine que le thar est placé un animal plus connu, rare cependant dans les musées : c'est le chevrotain porte-musc. On sait à quel produit il doit sa célébrité. Notre spécimen donne une excellente idée de cette bête plus petite que nos chamois, aux membres plus fins, à la tête dépourvue de cornes, mais armée — chez le mâle — de deux canines aiguës et très saillantes, qui sont une grande singularité pour un ruminant. Canines à part, c'est une bête élégante, nuancée de noir, de brun et de gris, adaptée à sa manière au milieu alpestre : poils pas très longs, mais serrés ; sabots minces et pointus, mais pouvant s'écarter et prendre ainsi un meilleur point d'appui. On dit que l'espèce est surtout abondante au Thibet, mais elle s'étend bien plus au nord, jusqu'aux montagnes de la Mongolie.

Tandis que l'hémione ordinaire préfère les plaines, ce sont encore les très hautes terres de l'Asie centrale que parcourt l'hémione kiang. Selon Brehm, cet animal se voit vers « les plus hautes cimes de l'Himalaya, dans des endroits où l'on ne rencontre plus que le porte-musc et l'yack ». Notre spécimen indique une belle bête, plus voisine de l'âne que du cheval, avec une tête un peu grosse, un pelage crépu, d'un fauve roux en dessus, d'un blanc pur en dessous, gai et agréable à l'œil. Une bande marron foncé règne tout le long du dos. Je trouve à cet alpin de « rocher-club » un air assez débonnaire ; il est vrai qu'il s'agit ici d'une femelle, qui vivait en dernier lieu au Jardin d'acclimatation de Paris.

Si l'once (*Felis uncia*, Gray) n'est pas un alpiniste aussi distingué ou aussi exclusif que les animaux qui précèdent, c'est du moins le plus alpiniste des grands carnivores félins. Tandis que ses congénères chassent en pays plus chauds, on le voit apparaître sur divers points des hauts plateaux asiatiques, dans les montagnes du nord de la Perse et du sud de la Sibérie. Dans le nord de l'Inde, les Anglais l'ont baptisé *Snow leopard* (léopard des neiges). Il se présente aux visiteurs de notre Muséum comme un animal un peu plus petit que le léopard, plus gris et moins fauve, avec des taches noires pleines ici, annulaires là, et — comme on devait s'y attendre — une fourrure assez épaisse. L'ours de Syrie vit dans les montagnes du Liban, comme dans nos Alpes l'ours brun ordinaire, dont il ne diffère que par une robe plus claire ; c'est une simple race, plutôt qu'une espèce. Nous en possédons un bel exemplaire mâle, qu'on a pu voir vivant au Jardin des Plantes pendant quelques années.

Le mouflon à manchettes habite de préférence parmi les éboulis, les rochers les plus élevés de l'Atlas, en Algérie et au Maroc. C'est un animal entre mouton et chèvre, robuste, et fort curieux par les touffes de poils démesurés qui pendent au devant de son cou et de sa poitrine, ainsi que sur ses jambes antérieures. L'espèce se répand de plus en plus dans les grands jardins zoologiques ; mais notre exemplaire vient directement d'Algérie.

J'ai trouvé tous les grands animaux de nos Alpes représentés au Muséum. Toutefois, nous n'avions qu'un bouquetin râpé et de montage misérable; un ours de pelage presque blanc, qui passe pour avoir été tué à la Chartreuse à une époque déjà lointaine. Il y avait intérêt à saisir la première bonne occasion pour nous procurer un meilleur bouquetin, un ours différent de nuance et d'origine : les deux bêtes, bien datées, devant en outre attester aux gens du xx° siècle que ces espèces en déclin vivaient encore ici de nos jours. Le bouquetin ne pouvait venir que de la Haute-Tarentaise; l'ours est celui qui fut tué à la Grande Cabane, commune de Gresse, et dont tous les journaux ont conté l'histoire. Il y a intérêt, également, à ce que le chamois soit bien représenté à Grenoble ; et bientôt on pourra y confronter cet animal par excellence de nos Alpes avec son semblable ou son frère, l'isard des Pyrénées (1).

LAISSONS maintenant les animaux de montagne et voyons ce que nous ont envoyé depuis peu les forêts tropicales, les steppes ou les pampas, et plus près de nous, les grands bois du centre de la France. Il est entendu que je continue à faire comme les enfants, qui ne s'arrêtent qu'aux « grosses bêtes. » Ceci n'est pas un catalogue officiel, mais une simple

(1) J'ai acquis cet hiver, d'un guide de Cauterets, un isard dont on montera la peau et le squelette... dès qu'on le pourra. Le pelage diffère sensiblement de celui de nos chamois. Au moment où j'écris ces lignes, on travaille au montage de l'ours de Gresse ; je l'ai fait passer à un tour de faveur, après le squelette de lamantin de M. Godel, mais avant d'autres pièces qui attendent depuis un an et plus. Il faudrait au Muséum au moins deux préparateurs.

promenade, avec intention de regarder seulement les pièces nouvelles et bien apparentes. Ceux qui voudront voir nos collections en détail y découvriront bien d'autres sujets d'étude.

Faute de gorilles, le premier rang parmi nos singes appartient encore à un couple de grands chimpanzés noirs, qui ne se sont connus que dans l'armoire où ils reposent. « Monsieur » a été acquis par un de mes prédécesseurs, Léon Penel, en 1885 ; c'est une belle bête, supérieurement montée, à Paris, dans une attitude mouvementée et menaçante. « Madame » me fut envoyée du Gabon, peu d'années après, et M. Prost a su lui donner une expression très douce. Pour apprécier au mieux la mentalité de l'espèce, faut-il prendre une moyenne entre ces deux indications ? Viennent ensuite un jeune orang, puis des singes variés, dont quelques-uns racontent en partie l'histoire — hélas ! pas toujours gaie — de notre Jardin zoologique grenoblois. Voici, par exemple, un gros macaque aux fortes canines, qui semble toujours chercher querelle à ses visiteurs. Il avait mordu son gardien et devenait insupportable. Quand je le vois, je crois encore pénétrer dans sa cellule, à l'aube, suivi d'un exécuteur, et prononcer : mon pauvre ami, votre recours en grâce est rejeté... Près de lui, ce sont deux jolis « nez-bleus », dont l'un eut le bras déchiré par un compagnon féroce. On le chloroforma, on l'amputa, puis de bonnes gens lui firent tout un hiver une vie d'enfant gâté, après quoi il fut pris de convulsions et rendit sa petite âme innocente.

Dans le groupe malgache des lémuriens, intermédiaire aux singes et à d'autres mammifères, les makis ont fait quelques recrues, mais il faut surtout remarquer deux propithèques de Coquerel et un cheiromys ou aye-aye, bêtes rares et de physionomie originale. Parmi les rongeurs, j'ai installé cet hiver une viscache : animal de la taille de nos marmottes, d'aspect assez hirsute, et dont les pareils vivent en nombre dans la pampa argentine, creusant sous la terre argileuse de grands terriers, à l'entrée desquels ils entassent tous les objets durs qu'ils peuvent trouver. Cette curieuse habitude de la viscache a été observée par Darwin, préludant alors (1833), dans son voyage à bord du *Beagle*, aux puissants travaux qui devaient l'illustrer (1). A noter aussi, dans la vitrine des marsupiaux, l'entrée récente d'un kanguroo géant et d'un curieux couscous des Moluques.

En fait de carnivores, les deux nouveaux venus les plus notables sont une panthère longibande (*Felis macroscelis*, Temm.) et un guépard. Le premier de ces animaux, originaire des régions indo-malaises, est à peine plus gros que le lynx et fait transition entre tigre et panthère; sur un fond fauve clair, sa robe offre un mélange de taches et de bandes noires. Le guépard vient de Perse ou des contrées voisines. C'est aussi un type de transition, cette fois entre deux familles. A la robe tachetée et à l'aspect général des félins ou grands chats, il joint plusieurs caractères du chien : haut sur pattes, il a les ongles peu rétractiles. L'espèce est d'un caractère maniable et se dresse pour la chasse.

Les grands herbivores ont fait aussi quelques progrès. Voici un tapir, la plus grosse bête de l'Amérique du Sud actuelle. Malgré son ébauche de trompe inquisitive, l'animal ne paye guère de mine. Brehm assure pourtant que pour l'intelligence il dépasse le rhinocéros et l'hippopotame — qui nous manquent, hélas! — et serait digne de se mesurer avec le porc. Voici un gnou bleu, ou plutôt cendré bleuâtre; nous en avions déjà un brun. Le gnou, animal sud-africain, est la *wildebeest* (bête farouche) des sujets du président Krüger. C'est un mélange d'antilope, de bœuf et de cheval, curieux pour le naturaliste et, au moral, peu recommandable. Signalons en passant un renne gris — nous en avions déjà un blanc — et une antilope guib du Sénégal, animaux acquis presque pour rien; puis une

---

(1) V. *Voyage d'un naturaliste autour du monde*, par C. Darwin, trad. E. Barbier, Paris, 1875 (page 132).

jolie petite antilope voisine de la gazelle, qui me cause
un certain remords : donnée vivante à l'automne, en
1894, elle fut bien mal logée et mourut avant qu'on ait
pu lui louer un domicile d'hiver, puis lui construire
quelque abri convenable et définitif. Enfin, une belle
biche, un beau cerf, sont venus combler une lacune
de nos collections françaises qui me semblait spécia-
lement regrettable (1).

A l'entrée de la grande salle de zoologie, à gauche,
après quelques objets ethnologiques, j'ai fait placer
deux squelettes humains, celui d'un homme de notre
race et celui d'une négresse de l'Ogôoué; les éléments
de ce dernier ont été donnés par M. Godel et attribués
au Muséum, grâce à l'obligeance de M. le Directeur de
l'Ecole de médecine. Le squelette qui suit est celui....
de notre chimpanzé femelle. Libre aux visiteurs de
remarquer ici, plutôt que des ressemblances, des diffé-
rences non moins incontestables.

Au delà, deux grandes armoires sont pleines de
squelettes et de crânes de vertébrés divers, acquis
depuis peu, et que j'ai cru devoir grouper pour deux

---

(1) Cerf et biche ont été abattus : le premier, dans la Côte-
d'Or, par M. Paul Chatelain ; la seconde, dans la Sarthe, par
M. le marquis de Monteynard. A la suite de ces dons de chas-
seurs, citons encore celui d'un beau chamois, par M. V. Nico-
let. C'est à M. E. Jore que nous devons les propithèques et
l'aye-aye. Le lieutenant de vaisseau Léon Rérolle a donné le
mouflon à manchettes et fait donner un chimpanzé. Le macaque nez-bleu et la petite antilope, qui furent si malheureux,
étaient offerts respectivement par M. Landros et par M. G.
Bourdon, médecin de marine.

Quant aux autres bêtes mentionnées ici, elles proviennent
d'achats. La panthère longibande a été acquise dans notre ville;
il en est de même de l'ours de Gresse, tous les Grenoblois
devineront à quelle enseigne. Donnés ou achetés, ces divers
animaux ont été très bien montés, les uns à Paris, les autres
par M. Prost Ce dernier, assisté en quelques cas par son neveu
H. Roux, a monté aussi la plupart des squelettes dont je vais
dire un mot, et ce genre de travail, d'ordre plus scientifique,
n'est pas ce qui lui fait le moins d'honneur.

motifs. Le premier est que la comparaison des pièces ostéologiques entre elles offre un haut intérêt; le second est que ces pièces, disséminées partout, auraient pu nuire au charme d'autres parties de nos collections pour beaucoup de personnes. Groupée ainsi, cette collection macabre n'est vraiment pas déplaisante. Elle apparaît de loin comme un petit monde à part, où tout est svelte et blanc. De près elle dévoilera utilement, même aux profanes, la structure ou les formes cachées des animaux, et personne ne saurait contester son caractère instructif. Plusieurs squelettes de grande taille ont dû être maintenus au rez-de-chaussée, et c'est ainsi qu'y ont pris place ceux de quelques-uns des animaux précités : hémione kiang, ours de Syrie, gnou et tapir.

.·.

ENTRE tous les pays lointains où les formes animales atteignent leur maximum de beauté et de richesse, soit en raison de l'ardeur du climat, soit parce que l'homme civilisé y est encore rare, le Congo français est décidément le mieux exploité par des Dauphinois généreux en faveur de nos collections. Madagascar, le Soudan, la Cochinchine, la République Argentine ont donné déjà quelque chose. Mais au Congo, nous avons M. Paul Godel — et c'est beaucoup dire. En outre, le vaillant compagnon de Marchand, M. le lieutenant Fouque, nous avait fait à deux reprises des envois intéressants; et voici qu'un jeune instituteur et missionnaire protestant, M. Paul Merle, songe à son tour à enrichir les collections de sa province natale.

Je viens de recevoir de M. Merle un joli lot d'insectes et de reptiles, recueillis par lui dans nos possessions congolaises et préservés avec beaucoup de soin. Il y a là, notamment, des serpents non encore déterminés,

mais à première vue fort précieux ; des coléoptères
de marque; un étonnant orthoptère, de la famille des
phasmides, long de 24 centimètres et semblable à une
mince branche de bois mort, qui serait pourvue de
pattes et d'ailes. Cet animal devait vivre sur les
parties ligneuses des arbres dont il a l'aspect et la
couleur; c'est un exemple de cette ressemblance pro-
tectrice de certains êtres au milieu qui les environne,
fait bien connu dans la science sous le nom de mimé-
tisme.

Puisque je parle de reptiles et d'insectes, après
m'être étendu longuement sur nos acquisitions récentes
d'oiseaux et de mammifères, qu'on me permette deux
mots à propos des autres animaux.

Le Muséum n'est pas jusqu'ici très riche en animaux
inférieurs de certaines classes, par exemple en
arachnides, vers, échinodermes, cœlentérés. Il y
aurait sur ce point, et aussi à propos des poissons,
batraciens, mollusques locaux, etc., surtout dans un
but d'intérêt scientifique, beaucoup de recherches à
faire pour nous procurer un plus grand nombre d'espèces. Pourtant les entrées récentes n'ont pas été
nulles, surtout en fait de reptiles, de coléoptères et de
coquilles.

En 1891, le Muséum de Paris, par l'entremise de
M. le professeur Léon Vaillant, nous a donné beaucoup de reptiles, et je venais d'en acquérir une soixan-
taine d'autres, rapportés de Cochinchine par feu le
Dr A. Morice. Ces deux séries sont remarquables.
Les peaux de grands serpents, pythons ou autres,
affluent au Muséum. Un de ces animaux, don de
MM. Maillat et Lalande, est monté dans le centre de la
grande salle; il doit éveiller en quelques personnes
une sensation d'effroi, adoucie par la notion de l'état
inoffensif auquel l'empaillage réduit les bêtes les plus
monstrueuses. Le serpent de Madagascar donné par
M. E. Jore est moins grand, mais rare ; deux nouveaux venus (dons de M. Michon, avoué, et de M. Mar-
tin, employé de la Cie transatlantique) attendent encore
leur tour de montage. On leur cherchera, si possible,
des poses nouvelles.

Il a été donné depuis peu par M. le Dr Guédel et par M. Godel, ou acquis à bas prix de M. Noël Cassien, un grand nombre de coléoptères exotiques superbes, rares ou intéressants (1). Des spécimens d'animaux inférieurs, parfois ingénieusement préparés — chenilles soufflées, par exemple — ont été acquis de feu Edouard André, naturaliste à Beaune. M. Camous, pharmacien à Grenoble, si généreux pour nos collections de minéralogie, a donné un beau polypier, des coquilles, des produits animaux employés en médecine. Beaucoup de personnes que je ne puis énumérer, mais dont les noms sont rappelés sur les étiquettes, ont fait des envois de détail appréciables. Enfin, il convient de mentionner de nombreuses coquilles exotiques remises par Maurice Chaper, et après lui, par sa veuve. Comme M. Camous, M. et Mme Chaper, qui, d'autre part, ont si largement contribué à nous enrichir en minéraux rares et en publications scientifiques de valeur, doivent compter parmi les principaux bienfaiteurs du Muséum.

---

(1) Le regretté Noël Cassien, auquel un petit groupe d'amis fidèles conserve à juste titre le souvenir le plus affectueux, a travaillé pendant de longues années, en partie de façon désintéressée, au classement scientifique et à l'entretien de nos collections d'entomologie.

Il s'est acquitté de cette tâche avec beaucoup de conscience, d'expérience et de méthode.

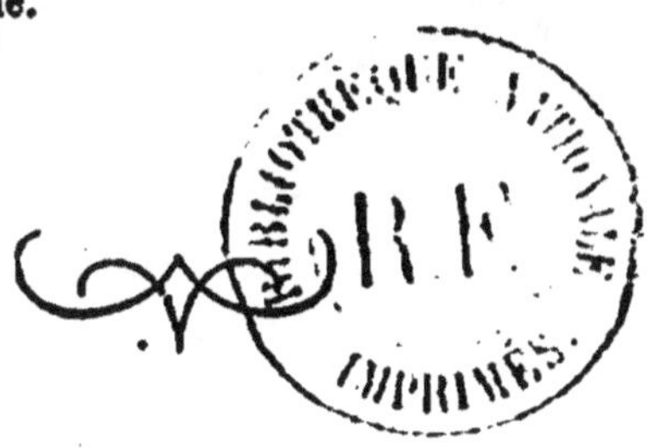

Mars-Juillet 1899.

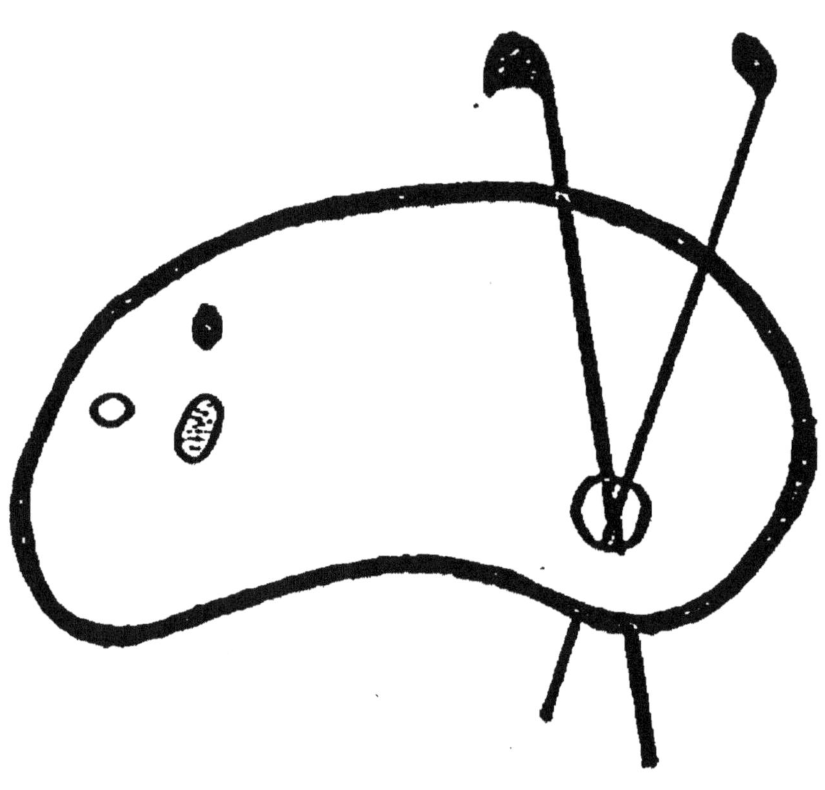

ORIGINAL EN COULEUR
NF Z 43-120-8